升级版 9

这就是物理

FRONTIER PHYSICS

前沿物理

米莱童书　著·绘

北京理工大学出版社
BEIJING INSTITUTE OF TECHNOLOGY PRESS

每个孩子从出生起，就对世界充满了好奇，如果想要了解世界，物理学就不可或缺。物理学是我们认识世界的桥梁，它揭示了事物发生和发展的客观规律，更是许多科学的基础。但是物理的概念繁多，知识点之间的关联性很强，对于刚接触物理的孩子来说，有些复杂难懂。

如何将复杂的物理知识，生动有趣地展现给孩子，就显得十分重要了。《这就是物理·升级版》就是专为孩子们打造的物理学科启蒙图书，以趣味漫画的形式将严肃的科学原理与生活中的有趣现象联系起来。比如：声音是怎么产生的？冰箱、电视等电器的电是怎么来的？为什么洒在地上的水过一会儿就不见了？为什么下雨后会有彩虹？为什么汽车车轮胎有花纹是为了增加摩擦，而汽车车轮轴又要加润滑油以减小摩擦……

不仅如此，在这里，还有物质、能量、声、光、电、磁、力，这些物理概念化身成一个个活泼可爱的主人公，为我们一点点展现奇妙的物理世界。大到宇宙天体、小到基本粒子，从日常生活到前沿科技，这套书将严肃枯燥的理论，由浅入深、轻松有趣地表达出来，十分适合喜欢物理的孩子阅读。

希望这套物理启蒙漫画书能够让孩子们喜欢上物理，并帮助孩子们在知识的海洋中尽情遨游。

中国工程院院士、电子光学和光电子成像专家
周立伟

目 录

超越眼前的世界

物质可以被一直拆分下去吗？

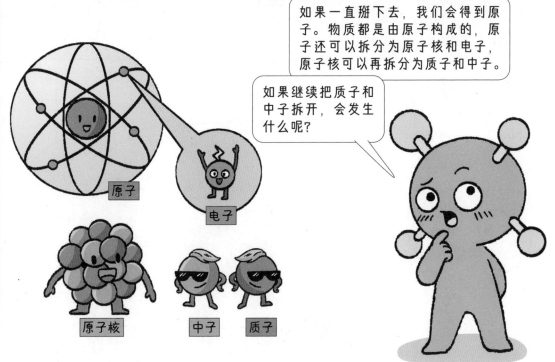

看，是夸克！质子和中子是由夸克组成的。

我来啦！

夸克

夸克

那么夸克能否被继续拆分呢？

很遗憾，我没做到。

我无法被拆分，对于无法再被拆分的粒子，人们还专门给它起了个名字，叫"基本粒子"。

基本粒子

除了夸克，生活中最常见的基本粒子是光子，光由光子组成。电子也是一种基本粒子。

你好，我是光子。

我是电子。

目前已经发现了 60 多种基本粒子，你可以把它们想象成搭建物质的"积木"。

认为宇宙万物都是由基本粒子以及它们之间的相互作用形成的理论，叫作"粒子物理标准模型"，是现在主流的一种理论。

如何获得基本粒子？

我刚刚梦到了物质变成了基本粒子！

不过现实中，物质都是非常稳定的，即使你用小锤敲，用剪刀剪，也无法得到基本粒子。

但聪明的科学家还是想到了办法！

科学家先从物质中得到了像质子、中子这样的复合粒子。然后让它们以接近光速的水平相互撞击，看看能不能被撞碎，那个"碎片"就是更基本的粒子。

咱们撞起来！

对撞可以把聚在一起的基本粒子分散开来。

BOOM

撞击一个质子，就可以得到三个夸克。

但有一种基本粒子，个头小，不带电，也不相互组合，穿透性很强，因此在很长的时间里都处于隐身状态，它就是中微子。

这家伙的眼神不太好啊！

地球面向太阳的区域每秒钟在每平方厘米上都会穿过大约650亿个来自太阳的中微子。

比如当你在看这句话时，就有无数个中微子正在穿越你的身体，而你根本感觉不到它们的存在。

谁拥有宇宙中最快的速度？

除了快，我还有个特点，无论使用何种参照物来测量我在真空中的速度，结果是不变的，这跟你很不一样。当你坐公交车、高铁，或者飞机时，会有不同的速度。

而我呢，无论你搭乘什么交通工具观测我，我的速度都不会变。

我从地球去海王星，你在地球上观测我，我的速度是 300000000 米 / 秒；你坐火箭观测我，我的速度还是 300000000 米 / 秒。

光速保持恒定，是世界上最快的速度，任何物体的速度都无法超越光速，这就是光速不变原理。这个定理里藏着开启宇宙秘密的钥匙……

宇宙之谜

等等我！

绝对的时空还是相对的时空？

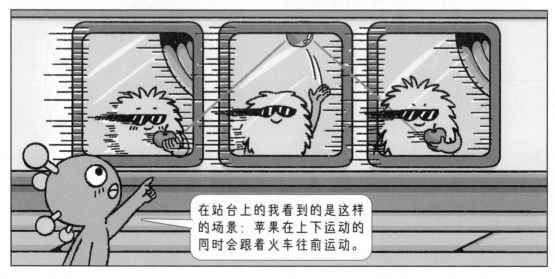

回想一下，玩耍时一小时一眨眼就过去了，而写作业时，会觉得一小时好漫长。这说明在你的心里，时间有时是相对的。

现实中，时间也有可能是相对的。在站台上的人看来，光速列车上的时钟会走得更慢。换句话说，同样的事件，用光速列车上的时钟测量经历了 10 分钟，而用站台上的时钟测量可能就是经历了 10 年，光速列车上的时钟走得太慢了！

时间和空间不是各自独立的绝对的存在，而是相对的，这就是相对论。

爱因斯坦

光速列车是科学家爱因斯坦所做的一个"思想实验"，之所以叫思想实验，是因为现实中无法让列车接近光速，但我们却可以在脑海中这样想一想。

时间不一样了！

说到相对论，还有个好玩的例子。有一对双胞胎兄弟，其中一人是宇航员，要坐飞船去遥远的太空旅行。

当飞船接近光速在太空中飞行，飞船里的时间就会变得非常缓慢……

这时候，用我的"超级望远镜"去观察，会发现飞船变短了！

*飞船在出发时要加速飞行,降落时要减速,其中涉及非惯性参考系,因此这个思想实验是不成立的。

根据牛顿力学，地球绕着太阳转动，是因为太阳的引力。而根据爱因斯坦的广义相对论，这是因为太阳让周围的空间发生了弯曲。

不能说不对，而是爱因斯坦的解释更本质。

这么说，牛顿的理论不对？

就像吃坏了肚子，一种解释说食物不干净，另一种解释是食物上有致病的细菌。两种说法都对，只是后者更深入。

我们对于宇宙的探索也是一个不断深入的过程，一步步的进展让我们逐渐靠近真相……

砰！爆炸了！

根据相对论，人们预测空间不可能一直保持静止，而是在不断膨胀。这个膨胀最开始是由一个极热极小的点爆炸引发的——这就是"宇宙大爆炸"。

就像热气球变凉后就瘪了。

宇宙大爆炸产生了很多恒星，所有恒星都是气态的，当一个大恒星燃烧完自己所有的燃料时，就会熄灭，并因为自身的质量而坍塌。

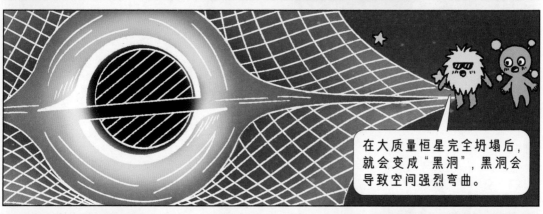

在大质量恒星完全坍塌后，就会变成"黑洞"，黑洞会导致空间强烈弯曲。

黑洞的引力极其强大，任何靠近它的物体都会被吸进去，甚至连光都无法逃脱黑洞。我们得躲远点！

宇宙规律是确定的吗？

刚刚的经历令我大开眼界，大为震撼！

相比于接下来的内容，相对论并不够震撼……

所有的物体都有能量，能量有着不同的形式，太阳会发光，光就是一种能量。

这些大家都知道，说点儿新鲜的来听听。

后来人们还发现，所有的物体都在发热，热也是一种能量，不同物体发热的强弱有所不同。红外线夜视仪就是利用物体的热辐射差别成像的。

虽然我们现在已经很了解能量了，但是在过去很长时间里，科学家们总是无法找到物体发出能量的准确规律，直到……

别卖关子了，快说呀。

先问你个问题，物质是由什么组成的？

基本粒子，它们可是很小很小的。

这就对了，能量也是一样。科学家普朗克提出，如果能量是一份一份的，那么很多关于能量的疑团就可以解开。

当能量被越分越小，小到不能再小了，这个最小的一份能量，就是个"量子"。

这是"量子"第一次被大家认识，后来人们发现，量子无处不在。如果一个物理量存在最小的不可分割的基本单位，这个最小单位就是量子。

不要小看这些小小的量子，它们在微观世界可是很神奇的。

微观世界我熟啊，不如我们一起去看看！

奇妙的量子世界

还记得电子云吗？电子在原子核外不停地做无规则运动。

人们无法预知电子的确定位置，只能计算它在不同位置的概率。就像电子有了很多分身一样，而且这个分身术只能在别人看不见的时候使用。

这些分身和你玩起了"123，木头人"的游戏。当你背对电子，没有看它时，这些分身可以有任意的位置和速度，物理学称这种状态为"叠加"。

哎呀，暴露了。

而当你突然转身看电子时，电子就有了确定的状态，其他分身也就消失了，这个过程叫作"坍缩"。

量子可真调皮，你不看它，它就到处跑，没有确定位置。你看它，它就瞬间变成乖宝宝，有了具体的位置。

量子世界好神奇，一会儿确定，一会儿又不确定。

爸爸妈妈没有事先商量，却各自买了一束花回家。这虽然是一种巧合，但人们更愿意将其解释为浪漫的"心灵感应"。

当两个量子发生"纠缠"时，量子间也有"心灵感应"。不论相隔多远，一个量子状态发生了改变，另一个量子也会瞬间发生相应改变。

当然，即使相隔千万光年，我们的心也永远在一起！

嘿，在吗？

尽管量子纠缠现象曾饱受质疑，但随着研究的深入，人们不再怀疑它的真实性。2022年的诺贝尔物理学奖就颁发给了研究量子纠缠的三位科学家。

我难以相信，这实在是太荒诞太离奇了！

量子力学有什么用？

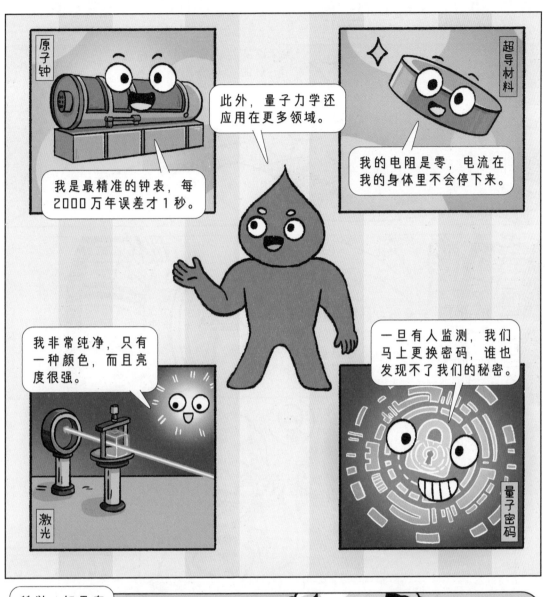

奇妙的旅程还在继续

说实话，我现在有点晕晕的，毕竟刚刚一下经历了太多太多！

大型粒子对撞机和中微子探测器带来的震撼历历在目，对于无法直接得到的基本粒子，我们可以通过仪器设备来捕获。

爱因斯坦的"极限思考"新奇又烧脑，对于无法直接体验的巨大时空和速度，我们可以通过采用思想实验的方法来探索。

量子力学神秘莫测的面纱还在等着人们来揭开，而在这个过程中，量子的独特性质已经在生活中有了很多厉害的应用。

物理家族旅行手记

·目的地 前沿物理世界

·装 备 智慧的头脑、大型粒子对撞机

用智慧的头脑预测粒子的性质，用大型粒子对撞机找到这些粒子，并验证之前的猜测。

·交通工具 宇宙飞船、光速列车

·任务 1 了解什么是基本粒子

基本粒子是构成这个宇宙且无法被拆分的粒子。 **完成**

·任务 2 重新认识光的奇妙之处

在光速不变的前提下，时间具有了相对性。时间和空间都不是绝对的，这叫作相对论。 **完成**

·任务 3 在果冻世界站稳脚跟

我们所生活的时空并不是平直的，而是像一颗超级大果冻。蚂蚁那样小质量的物体周围，果冻的 Q 弹程度小；太阳那样大质量的物体周围，果冻的 Q 弹程度大，甚至地球都要陷入弯曲的果冻，绕着太阳一圈圈转动起来。
具有质量的物体周围的时空会发生弯曲，这就是广义相对论。 **完成**

创作团队

米莱童书

米莱童书是由国内多位资深童书编辑、插画家组成的原创童书研发平台。旗下作品曾获得 2019 年度"中国好书"，2019、2020 年度"桂冠童书"等荣誉；创作内容多次入选"原动力"中国原创动漫出版扶持计划。作为中国新闻出版业科技与标准重点实验室（跨领域综合方向）授牌的中国青少年科普内容研发与推广基地，米莱童书一贯致力于对传统童书进行内容与形式的升级迭代，开发一流原创童书作品，适应当代中国家庭更高的阅读与学习需求。

策 划 人： 刘润东　魏　诺

统筹编辑： 秦晓英

原创编辑： 窦文菲　秦晓英　张婉月

漫画绘制： Studio Yufo

专业审稿： 北京市赵登禹学校物理教师 张雪娣

装帧设计： 刘雅宁　张立佳　辛　洋　刘浩男　马司雯　朱梦笔

图书在版编目（CIP）数据

这就是物理 : 升级版 : 全10册 / 米莱童书著、绘
. -- 北京 : 北京理工大学出版社, 2023.6（2024.12重印）
ISBN 978-7-5763-2374-0

Ⅰ.①这… Ⅱ.①米… Ⅲ.①物理学 – 青少年读物
Ⅳ.①O4-49

中国国家版本馆CIP数据核字(2023)第082201号

出版发行 / 北京理工大学出版社有限责任公司
社　　　址 / 北京市丰台区四合庄路6号
邮　　　编 / 100070
电　　　话 / （010）82563891（童书售后服务热线）
经　　　销 / 全国各地新华书店
印　　　刷 / 朗翔印刷（天津）有限公司
开　　　本 / 710毫米 × 1000毫米　1 / 16
印　　　张 / 25　　　　　　　　　　　　责任编辑 / 封　雪
字　　　数 / 600千字　　　　　　　　　 文案编辑 / 封　雪
版　　　次 / 2023年6月第1版　2024年12月第12次印刷　　责任校对 / 刘亚男
定　　　价 / 200.00元（全10册）　　　　责任印制 / 王美丽

图书出现印装质量问题，请拨打售后服务热线，本社负责调换